SITZUNGSBERICHTE DER SÄCHSISCHEN AKADEMIE
DER WISSENSCHAFTEN ZU LEIPZIG

Mathematisch-naturwissenschaftliche Klasse
Band 111 · Heft 7

MANFRED GERSCH

PROBLEME DER INSEKTIZIDE AUS HEUTIGER SICHT

Mit 9 Abbildungen und 2 Tabellen

AKADEMIE-VERLAG · BERLIN
1976

Vorgetragen in der Sitzung vom 17. Juni 1974
Manuskript eingereicht am 6. Februar 1975
Druckfertig erklärt am 22. Oktober 1975

Erschienen im Akademie-Verlag, 108 Berlin, Leipziger Straße 3—4

Lizenznummer: 202 · 100/543/75
Gesamtherstellung: VEB Druckhaus „Maxim Gorki", 74 Altenburg
Bestellnummer: 762 174 4 (2027/111/7) · LSV 1365
Printed in GDR
EVP 4,—

INHALT

Einleitung

Man kann heute schätzen, daß auf ein menschliches Individuum unseres Planeten ungefähr 300 Millionen Insekten kommen. Die meisten von ihnen sind glücklicherweise gutartig oder nützlich. Nur ein kleiner Teil, etwa 1% der Arten, stehen jedoch in direkter Konkurrenz mit dem Menschen in bezug auf die Nahrungsquellen oder sind Überträger von Krankheiten. Sie stellen aber infolge der Unermeßlichkeit ihrer Zahl und ihrer zerstörenden Tätigkeit den größten Konkurrenten der Menschheit dar. Ohne ständige Bekämpfung der Insektenschädlinge wären Hungersnot und Seuchen die Folge. Durch Jahrtausende stand ihnen der Mensch nahezu hilflos gegenüber und mußte kahlgefressene Felder und Wälder oder durch Insekten verbreitete Epidemien wie andere unvermeidliche Naturkatastrophen hinnehmen.

Auch heute sind die Schäden trotz aller Erfolge noch beträchtlich. Nach Schätzungen der UNO werden jetzt noch in aller Welt durch Schädlinge 33 Millionen Tonnen Brotgetreide und Reis jährlich vernichtet. Mit der Notwendigkeit der Ertragssteigerung in der Landwirtschaft, bedingt durch das Anwachsen der Weltbevölkerung, wird zugleich die Notwendigkeit der Kontrolle und der Bekämpfung schädlicher Insekten wachsen; denn es ist zu beachten, daß sich die Lebensbedingungen der Schadinsekten ebenso wie die Voraussetzungen für Pflanzenkrankheiten durch die Kulturmaßnahmen der Landwirtschaft eher erhöhen als sich mehr zurückdrängen lassen.

Die Eindämmung und Bekämpfung schädlicher Insekten stellt somit nach wie vor ein vordringliches Problem dar. Unter den verschiedenen Bekämpfungsmethoden, die in heutiger Zeit zur Anwendung kommen, ist die durch Insektizide am verbreitetsten und am wirksamsten.

Unter Insektiziden sind ganz allgemein solche Substanzen zu verstehen, die Insekten durch chemische Einwirkung vernichten.

Ein anderer Weg, der in Einzelfällen zu gewissen Erfolgen geführt hat, ist die Züchtung von Pflanzensorten, die gegen Insektenbefall absolut oder partiell unempfindlich sind. Ein viel zitiertes Beispiel hierfür ist die Züchtung von Weizensorten, die gegen die Getreidegallmücke *Phytophaga* immun sind. Die erste dieser Sorten wurde 1942 eingeführt. Seit dieser Zeit hat der Weizen in einigen Gebieten seine Anfälligkeit gegenüber dem Schädling verloren. Kommt es zu einem erneuten Befall durch entsprechend adaptierte Gallmücken, kann eine andere der 22 bis heute entwickelten Weizensorten angebaut werden. Ein solcher Wechsel bleibt dann wiederum etwa 10 Jahre wirksam.

Eine andere Maßnahme betrifft, Schädlinge durch den Einsatz natürlicher Feinde zu bekämpfen. Möglichkeiten ähnlicher Art sind die Verwendung von Räubern gegenüber Schadinsekten. Eine der bisher aussichtsreichsten ist die Massenzucht von Florfliegenlarven zur Kontrolle der Eulenfalterraupen, die die Samenhülsen der Baumwolle zerstören.

Als Bekämpfungsmittel kommen weiterhin Bakterien und Viren in Frage. Obgleich heute schon einige pathogene Bakterien verwendet werden, dürften für den Großeinsatz in erster Linie Bakterientoxine nötig sein. Der *Bacillus thuriengiensis* wurde bereits 1927 als insektenpathogen erkannt. Nach 1950 isolierte man das Toxin. Inzwischen sind ca. 11 serologische Typen aus allen Teilen der Welt bekannt. Infolge ihrer komplizierten chemischen Natur ist es aber zur Zeit unwahrscheinlich, daß sie synthetisiert und somit in größerem Maße zum Einsatz kommen können. Außerdem zeigen verschiedene Insekten große Abweichungen in der Empfindlichkeit.

Günstiger werden die Aussichten für die Verwendung spezifischer Insektenviren beurteilt. Bisher wurden etwa 250 Virusformen isoliert, die insektenpathogen sind. Ein allerdings nur kleiner Teil könnte davon für einen Einsatz in nächster Zeit geeignet sein.

Abgesehen von Toxinen, werden auch andere Chemikalien in Form von Anlockungsstoffen eingesetzt. Am bekanntesten sind die sog. Sexuallockstoffe. Circa 200 solcher Verbindungen sind bisher entdeckt worden, von denen etwa 20 für einen praktischen Einsatz in Frage kommen könnten.

Eine ganz andere Methode der biologischen Schädlingsbekämpfung beruht auf der Verwendung vorher sterilisierter Insekten. Hierfür werden große Mengen des jeweiligen Schadinsekts künstlich gezüchtet und mittels ionisierender Strahlen oder durch Chemikalien sterilisiert, um sie dann in der Natur auszusetzen. Sie verdrängen bei der Fortpflanzung die normalen Partner. Die Folge davon ist, daß unbefruchtete Eier abgelegt werden, so daß die Population zum Aussterben verurteilt ist. Das berühmteste Beispiel hierfür stellt wohl die Bekämpfung der Schraubenwurmfliege (*Cochliomyia hominivorax*), dem „screwworm" der Amerikaner in Florida und im Südwesten der USA dar. Die Larven der Fliege parasitieren vor allem in den Wunden von Kühen. Ihre Puppen wurden durch Gammastrahlen sterilisiert und die sterilen Imagines dann mit Flugzeugen in den Seuchengebieten ausgestreut. Der Erfolg war durchschlagend; denn der gefürchtete Viehschädling verschwand in kürzester Zeit aus den betreffenden Gebieten. Allerdings war der Erfolg in anderen Fällen nicht so günstig wie gerade bei der für diese Form der Bekämpfung besonders geeigneten Schraubenwurmfliege, da hier das Weibchen nur einmal begattet werden muß.

Die chemische Schädlingsbekämpfung mittels Insektiziden läßt sich in 3 Phasen einteilen. In den frühesten, bereits im Altertum angewandten und jahrhundertelang benutzten Verfahren kamen anorganische Giftstoffe wie arsenhaltige Verbindungen, Kupfersalze, Quecksilberverbindungen, Bleisalze u. a. zum Einsatz. Diese haben ihre einstmalige Bedeutung verloren, seitdem die synthetischen Kontaktinsektizide eingeführt wurden.

Diese zweite Phase setzt mit der Entdeckung des Schweizers P. Müller (1939) ein. Er stellte fest, daß das bereits 1874 zum ersten Mal synthetisierte Dichloridiphenyltrichloräthan (DDT) als Berührungsgift wirkt und insektentötende Eigenschaften besitzt. DDT verdrängte auf Grund seiner Eigenschaften in kurzer Zeit die bis dahin gebräuchlichen pflanzlichen und anorganischen Insektizide. Der anfängliche Erfolg war in vielen Fällen frappierend. So konnte z. B. die Malaria durch die durchschlagende Bekämpfung ihres Überträgers auf den Menschen, die Mücke *Anopheles*, in den befallenen Gebieten fast völlig ausgerottet werden. Eindrucksvolle Beispiele liefern auch die Verhältnisse in den europäischen Ländern des

Tabelle 1

Veränderungen der Malaria-Sterblichkeit in verschiedenen Ländern Europas vor und nach DDT-Einführung (nach Jukes 1974 gekürzt)

Land	Jahr	Fälle
Bulgarien	1946	144631
	1969	10
Rumänien	1948	338198
	1969	4
Jugoslawien	1937	169545
	1969	15
Italien	1945	411602
	1968	37
Spanien	1950	19644
	1969	28
Türkei	1950	1188969
	1969	2173

mediterranen Raums und des Balkans unmittelbar nach dem 2. Weltkrieg (Tab. 1).

Dementsprechend hoch ist allerdings auch der Einsatz der Mittel in solchen Gebieten. Die Weltgesundheitsorganisation verbrauchte zur Bekämpfung der Überträgerinsekten der Malaria und der Schlafkrankheit in Ostafrika allein 70000 Tonnen DDT. Versuche zur kurzfristigen Einschränkung des DDT-Verbrauchs in malariaverseuchten Gegenden hatten sofort ein Emporschnellen der Krankheitsfälle zur Folge.

In der Zwischenzeit ist eine Vielzahl von chemischen Verbindungen insektizider Wirkung entwickelt worden. Die wichtigsten Klassen der Insektizide der zweiten Generation sind die chlorierten Kohlenwasserstoffe (als Beispiel DDT), die organischen Phosphorverbindungen (Beispiel Parathion = E 605) und die vorwiegend herbizid wirkenden Carbamate (Abb. 1).

Aus der Vielzahl chemischer Verbindungen und ihrer Wirkungen erscheinen in unserem Zusammenhang 3 Tatsachen von Bedeutung:

1. Alle chemischen Insektizide sind mehr oder weniger starke Gifte. Ihre toxischen Eigenschaften können sich je nach Konzentration, Temperatur, Applikationsweise und je nach behandelter Tierart unterschiedlich auswirken. Eine selektive Anwendungsweise ist nur in seltenen Fällen möglich.

2. Trotz der Vielzahl entwickelter und auf ihre Insektizidwirkung geprüfter Verbindungen haben sich Zusammenhänge zwischen der Konstitution der betreffenden Verbindung und ihrer Wirkung kaum auffinden lassen. Die Suche nach neuen Insektiziden beruht daher im wesentlichen auf Screening-Methoden, deren Erfolg weitgehend vom Zufall abhängt.

3. Ungeachtet der praktischen Nutzanwendung der verschiedenen Insektizide auf Schadinsekten, wissen wir bisher nichts über die zellulären oder molekularbiologischen Wirkungsmechanismen dieser Verbindungen. Eine gewisse Ausnahme machen einige organische phosphorhaltige Insektizide, wie z. B. Parathion. Hier scheint gesichert, daß die Wirkung auf einer Hemmung der Cholinesterase im Nervensystem des Insekts beruht. Hieraus wird die Wirkungsweise in erster Linie auf das Zentralnervensystem verständlich. Allerdings kann sie es nicht allein sein; denn mit dem Vergiftungsverlauf durch Parathion kommt es auch zugleich zu wesentlichen Veränderungen des Wasserhaushalts des Insekts.

Sehr unterschiedlich werden die heutigen Insektizide in bezug auf ihre Giftwirkung auf die Umwelt und den Menschen beurteilt. Dabei stehen sich oft Behauptung und Gegenmeinung schroff gegenüber. Daher sollen hier auch nur einige Tatsachen genannt werden. Eine solche ist, daß die

1. Chlorierte Kohlenwasserstoffe

Beispiel: Dichlordiphenyltrichloräthan DDT

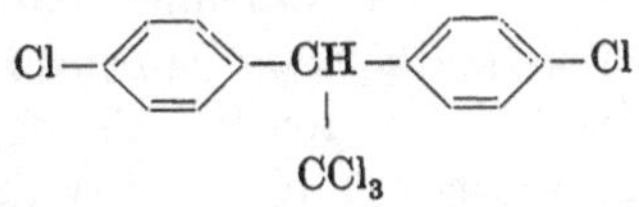

2. Organische Phosphorverbindungen

Beispiel: Parathion (E 605)
p-Nitrophenyldiäthyl-thiophosphat

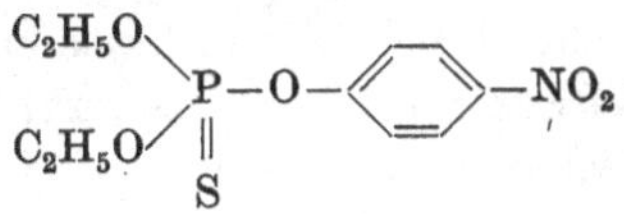

3. Carbamate

Beispiel: Clorpropham
O-Isoprophyl-N-$_3$-chlor-phenyl-carbamat

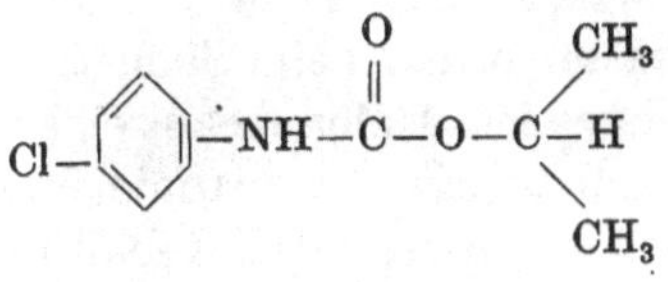

Abb. 1. Übersicht über wesentliche Verbindungsgruppen der Insektizide der zweiten Generation. Als bekanntestes Beispiel der cholierten Kohlenwasserstoffe kann DDT gelten, als Beispiel der Gruppe der organischen Phosphorverbindungen mit insektizider Wirkung ist Parathion zu nennen.

meisten chlorierten Kohlenwasserstoffe nur langsam abgebaut werden. Sie gelangen daher über die Luft und das Wasser in pflanzliche und tierische Organismen und werden mit der Nahrungskette von Lebewesen zu Lebewesen weitergegeben. Innerhalb dieser Kette kommt es zu einer Akkumulation.

Hierfür sind Beispiele: Der Rückgang der Zahl der Brutpaare der Brandseeschwalbe an der holländischen Küste in den Jahren zwischen 1954 und 1968, die Reduktion von Zwergtauchern an einem in dieser Hinsicht besonders untersuchten See, die Verringerung der Zahl des ohnehin vom Aussterben stark bedrohten Bermuda-Sturmvogels sowie die Zahlenabnahme des braunen Pelikans an der kalifornischen Küste. In allen Fällen wurde eine Anreicherung von chlorierten Kohlenwasserstoffen, insbesondere von DDT vor allem in der Leber dieser Vögel beobachtet, bedingt durch die Akkumulation dieser Insektizide in den Futterfischen.

Auch der Mensch nimmt mit der Nahrung, dem Trinkwasser und durch die Atemluft ständig Rückstände dieser Substanzen auf. Es ist eine eindeutige Tatsache, daß die Angehörigen verschiedener Völker je nach dem Grad der Anwendung chlorierter Kohlenwasserstoffe in den betreffenden Gebieten einen recht unterschiedlichen Gehalt z. B. an DDT in ihren Körpern aufweisen. Sie gelangen auf Grund ihrer Lipoidlöslichkeit in das Nervengewebe, Gehirn, Leber, Herzmuskulatur sowie in die Keimdrüsen. Auch im Fettgehalt der Muttermilch sowie im menschlichen Fötus wurden Insektizide in z. T. beträchtlicher Menge festgestellt. Zwar ist damit noch nicht der Nachweis erbracht, daß sich bestimmte krankhafte Erscheinungen unmittelbar auf die Wirkung solcher Insektizide zurückführen lassen, obwohl Tests an verschiedenen Versuchstieren wie Ratten den Beweis für auffällige Erhöhung der Sterblichkeit durch Aufnahme sehr geringer Mengen an DDT erbracht haben.

Ähnlich unterschiedliche Interpretationen werden auch hinsichtlich der karzinogenen Wirkungen geführt. Die Verfechter der Anwendung der jetzigen chemischen Insektizide weisen darauf hin, daß eine krebsauslösende Wirkung von Chlorkohlenwasserstoffen beim Säugetier und Menschen bisher nicht mit Sicherheit bewiesen ist. Andererseits zeigen Befunde bei Menschen, die an Hirntumoren, Hirnblutung, Hypertonie und verschiedenen Krebsarten starben, einen deutlich höheren DDT-Gehalt im Fettgewebe als andere Verstorbene. Außerdem kann die daraus abgeleitete Auffassungsweise auf die unwiderlegbare Tatsache verweisen, daß eine Reihe von Schädlingsbekämpfungsmitteln, die mit der menschlichen Nahrung aufgenommen wird und zu der u. a. DDT zählt, mit Sicherheit karzinogen ist.

Schließlich ist in allen Fällen bei der Beurteilung zu bedenken, daß die Einwirkung und die Anreicherung dieser Stoffe erst verhältnismäßig kurzzeitig erfolgt, so daß drastische Folgeerscheinungen durchaus nicht in allen Fällen schon jetzt die Regel sein müssen.

Ungeachtet aller unterschiedlichen Interpretationen, bleibt die unumstößliche Tatsache bestehen, daß es sich bei den synthetischen Kontaktinsektiziden um Giftstoffe handelt. Eine Einschränkung in ihrer Anwendung ergibt sich auch aus der aufgetretenen Resistenz. Erstmalig bei der Bekämpfung von Fliegen beobachtet, ist das Resistenzphänomen inzwischen ganz allgemein bekannt und häufig auch gegenüber verschiedenen Insektiziden bei ein und derselben Insektenart festgestellt worden. Es ist somit für die weitere Entwicklung der Schädlingsbekämpfung mit chemischen Mitteln ein ernstes Problem, da sich die Resistenz gegenüber den Kontaktinsektiziden im Vergleich zu anderen Giftstoffen bereits nach verhältnismäßig kurzer Zeit entwickelt hat.

Diese verschiedenen Umstände und Eigenarten der synthetischen Kontaktinsektizide machen den Wunsch und das Bemühen um andere Bekämpfungsmittel verständlich. Von den dafür in Frage kommenden Möglichkeiten scheint der Einsatz von Insektenhormonen bzw. deren Mimiksubstanzen aus grundlegenden Erwägungen heraus besonders diskutabel. Während die bisherigen Schädlingsbekämpfungsmittel sämtlich auf dem Prinzip beruhen, die Schadinsekten, in Wirklichkeit meistens weniger selektiv alle Insekten, durch Tötung durch Giftstoffe auszuschalten, bezwecken die auf der Grundlage der Insektenhormone angestrebten Mittel, die Ausmerzung der Population durch Verhinderung der Weiterentwicklung der Individuen, damit Unterbindung der Metamorphose und in Verbindung damit die Entwicklung zur Imago und schließlich das Ausbleiben der Fortpflanzung zu erreichen. Denn der Organismus der Insekten verfügt letztlich mit den Hormonen selbst über die Schlüsselmoleküle, die in der Lage sind, die Prozesse der Entwicklung und Fortpflanzung zu kontrollieren und zu steuern. Damit wird die 3. Phase der Insektizidentwicklung angesprochen.

Insektenhormone als Regulatoren der Entwicklungsprozesse

Die Insektenentwicklung erfolgt bekanntlich über eine Reihe von Larvenstadien, die durch Häutungsprozesse verbunden sind. Mit der Verwandlungshäutung oder Metamorphose wird der Zustand des erwachsenen geschlechtsreifen Insekts erreicht. Dabei kann sich die Metamorphose mit einem Häutungsakt vollziehen, wie dies z. B. bei Schaben, Wanzen oder Heuschrecken der Fall ist. Im anderen Fall folgt auf das letzte Larvenstadium noch das Puppenstadium, und dann erst entwickelt sich mit der Puppenhäutung die geschlechtsreife Form. Beispiele dieser Art der Metamorphose, die als vollkommene Metamorphose bezeichnet wird, liefern u. a. die Schmetterlinge, Fliegen, Mücken, Käfer.

Jede Häutung wird durch ein vom Gehirn produziertes und ins Blut ausgeschüttetes Hormon, das im Englischen als „brain hormone“, von uns als „Aktivationshormon“ bezeichnet wird, ausgelöst.

Nach der heute allgemein verbreiteten Auffassung veranlaßt das Aktivationshormon eine im ersten Brustsegment liegende Drüse, die sog. Prothoraxdrüse, zur Bildung und Abgabe des Häutungshormons Ecdyson. Obgleich in einigen Fällen die Produktion von Ecdyson ohne direkte

Beteiligung der Prothoracaldrüsen wahrscheinlich ist, bleibt die Tatsache der Aktivierung der Prothoracaldrüse durch das sog. Gehirnhormon unbestritten. Das Häutungshormon löst alle Häutungen aus.

Die Art der Häutung, d. h. Larven-, Puppen- oder Imaginalhäutung wird durch ein drittes Hormon bestimmt. Es wird in zwei kleinen Hormondrüsen dicht hinter dem Gehirn gebildet und ebenfalls in das Blut abgegeben. Das Hormon dieser Drüsen, der sog. Corpora allata, stellt das Jugendhormon (Juvenilhormon) dar, weil es in den frühen Jugendstadien in höherer Konzentration als in älteren vorliegt. Die Menge des Juvenilhormons bestimmt somit den Charakter der Häutung. Große Mengen von Juvenilhormon rufen zusammen mit dem Häutungshormon Larvenhäutung hervor. Der Juvenilhormonspiegel sinkt von Häutung zu Häutung. Bei Insekten mit einer vollkommenen Metamorphose führt schließlich der geringe Gehalt an Juvenilhormon bei gleichzeitiger Anwesenheit des Häutungshormons im Blut zu einer Puppenhäutung. Bei Fehlen des Juvenilhormons kommt es zur Imaginalhäutung.

Werden larvale Epidermiszellen durch das Häutungshormon Ecdyson bei gleichzeitiger Anwesenheit hoher Konzentrationen des Juvenilhormons stimuliert, so sezernieren sie eine larvale Cuticula. Dagegen wird bei niedrigem Juvenilhormonspiegel oder völligem Fehlen des Juvenilhormons eine puppale oder adulte Cuticula gebildet. In jedem Fall werden die Häutung durch die Freisetzung des sog. Gehirn-Hormons, Reifung und Metamorphose mit der Regulierung der Freisetzung des Juvenilhormons kontrolliert.

Von den drei an der Steuerung der Insektenentwicklung beteiligten Hormonen sind chemisch nur das Häutungshormon und das Juvenilhormon bekannt.

Das Häutungshormon wurde erstmalig 1954 durch BUTENANDT und KARLSON aus 500 kg getrockneten Seidenraupen-Puppen isoliert und als Ecdyson bezeichnet. Seine endgültige Formel wurde jedoch erst 1964 ermittelt. Inzwischen wurde durch die Bemühungen auch anderer Arbeitsgruppen erkannt, daß das Häutungshormon in den beiden Konfigurationen Ecdyson und 20-Hydroxyecdyson vorkommt. Nach der heute allgemein gültigen Auffassung stellt α-Ecdyson die Vorstufe des häutungsphysiologisch wirksamen 20-Hydroxyecdysons dar.

Unsere Kenntnisse über die chemische Natur des Juvenilhormons der Corpora allata beziehen sich auf drei chemisch nahe verwandte Verbindungen. Die erste wurde aus den Abdomina männlicher Tiere des Riesenseidenspinners *Hyalophora cecropia* isoliert und als ein Methylester einer aliphatischen Fettsäure von RÖLLER und Mitarbeitern 1966 identifiziert.

Die Identifizierung einer zweiten Verbindung ganz ähnlicher Konfiguration erfolgte aus dem gleichen Ausgangsmaterial kurze Zeit später. Und neuerdings wurde aus den Corpora allata der Wüstenheuschrecke *Schistocerca gregaria* ein drittes Juvenilhormon isoliert, das sich gegenüber den beiden bisher bekannten durch eine Methylgruppe unterscheidet (Abb. 2).

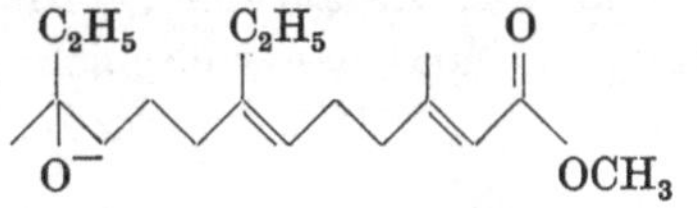

H. Röller, K. H. Dahm, C. C. Sweeley and B. M. Trost
Angew. Chemie **79**, 190, 1967
aus Riesenseidenspinner (*Hyalophora cecropia*) isoliert.

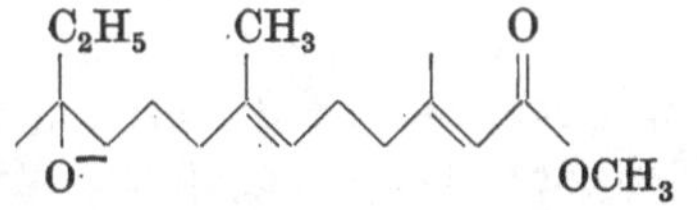

A. S. Meyer, H. A. Schneiderman, E. Hanzmann and I. H. Ko
Proc. Nat. Acad. Sci. USA **60**, 953, 1968
aus *Hyalophora cecropia* isoliert

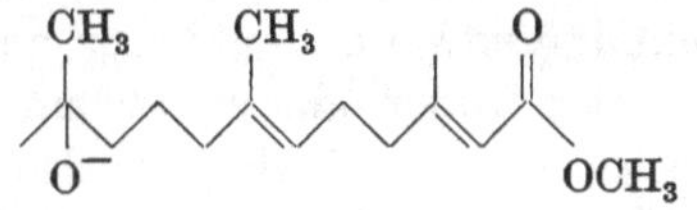

K. J. Judy, D. A. Schooley, M. S. Hall, B. J. Bergot and J. B. Siddall
Life Sciences **13**, 1511, 1973
aus der Wüstenheuschrecke (*Schistocerca gregaria*) isoliert

Abb. 2. Übersicht über die drei aus Corpora allata von Insekten bisher isolierten Juvenilhormone. Gleichzeitig sind dabei jeweils die Autoren und die Zeiten der Isolation angegeben. Da bisher nur bei diesen Objekten das Juvenilhormon genau identifiziert wurde, bleibt offen, ob und inwieweit das Juvenilhormon den Corpora allata der verschiedenen Insektenarten gleich, ähnlich oder verschieden ist.

Alle drei verursachen die charakteristischen Wirkungen auf die Morphogenese, die Eientwicklung und auf bestimmte Stoffwechselprozesse.

Das dritte an der Insektenentwicklung beteiligte Hormon ist das sog. „brain-hormone“. Der Name ist schon deshalb nicht besonders glücklich, weil im Gehirn der Insekten mit Sicherheit mehrere Neurohormone gebildet werden, die z. T. ganz andere Funktionen als die Entwicklungsprozesse steuern. Obgleich es das am längsten bekannte Hormon ist und den ersten Hinweis hormonaler Regulationsweise bei Insekten wie überhaupt bei niederen Tieren bedeutet, ist es bis heute in chemischer Hinsicht nicht genau bekannt. Zwar hat sich nun doch nach mancherlei Diskussionen und Irrungen die von uns bereits seit 1961 vertretene Auffassung durchgesetzt, daß es sich um ein Peptid handeln müsse.

Für den (oder die?) die Entwicklungsprozesse regulierenden Aktivationsfaktoren ist kennzeichnend, daß sie als übergeordnetes System fungieren und die mit der Häutung verbundenen vielschichtigen Prozesse der Entwicklung stimulieren.

1. Insektenhormone als mögliche Insektizide der dritten Generation

Der Versuch zur Bewertung der Gegebenheiten und der Möglichkeiten des Einsatzes von Insektenhormonen als Mittel der Insektenkontrolle kann sich nicht allein mit der Registrierung der erreichten Situation und einer Beurteilung daraus ableitbarer Wege begnügen. Vielmehr kommt es mir außer der ökonomisch-praktischen Seite des Problems vor allem darauf an, einige mit der Kontrolle der Insektenentwicklung zusammenhängende Grundlagenprobleme aufzuzeigen und zu erörtern. Das zielt vor allem auf die Fragen des Wirkungsmechanismus der an der Entwicklung beteiligten Hormone hin; denn ein irgendwann denkbarer gezielter Eingriff in das Entwicklungsgeschehen setzt früher oder später eine möglichst umfassende Kenntnis der jeweiligen spezifischen Wirkungsweise voraus.

Insofern fragen wir: Was wissen wir über den Wirkungsmechanismus der drei an der Insektenentwicklung beteiligten Hormone, und in welcher Weise lassen sich aus diesen Erkenntnissen Wege zu einer praktischen Nutzanwendung für die Insektenkontrolle, speziell für die Bekämpfung von Schadinsekten ableiten?

Ich beginne mit dem chemisch am längsten bekannten Hormon: Ecdyson und Ecdysteron.

1.1. Das Häutungshormon

Der Wirkungsmechanismus dieses Hormons ist vor allem durch die Arbeiten von KARLSON und seiner Schule gut bekannt. Ecdyson reguliert einerseits die bei der Pupariumbildung z. B. von *Calliphora*-Larven eintretende Verdunklung und Erhärtung der Cuticula, die als Sklerotisierung bezeichnet wird, indem es vor allem die Bildung der als Schlüsselenzym anzusehenden Dopa-Decarbaoxylase steuert. Die Bildung eines neuen Enzyms steht jedoch, wie wir heute wissen, in engem Zusammenhang mit der Steuerung der Bildung entsprechender messenger-RNS. Eine Bestätigung des Wirkungsmechanismus von Ecdyson auf das genetische System der Zelle liefern die Befunde über die Auslösung sog. Puffs an den Riesenchromosomen der Dipteren. Der Effekt ist sehr spezifisch, da dadurch ganz bestimmte Genorte auf dem Chromosom angesprochen und zur Puffbildung induziert werden. Es wird daher in Anlehnung an die grundlegenden Vorstellungen von Jacob und Monod von der Regulierung der Genaktivität und der Proteinsynthese angenommen, daß Ecdyson spezifisch mit bestimmten DNS-Repressoren an verschiedenen Orten des DNS-Moleküls reagiert, wodurch es dort zur Synthese von Messenger-RNS kommt. Mit Hilfe dieser Messenger-RNS kommt es dann im Cytoplasma zur Bildung der für die Sklerotisation verantwortlichen Enzyme, vor allem zur Bildung der Dopa-Decarboxylase.

Diese Feststellungen und Vorstellungen führen zu der Schlußfolgerung, daß der primäre Wirkungsort des Ecdysons der Zellkern ist. Dieser Auffassung entspricht, daß Tritium-markiertes Ecdyson in den Zellkernen der Epidermis in hohem Maße angehäuft wird.

Durch die Entdeckung des Vorkommens von Ecdyson und Ecdysteron wie auch einer großen Anzahl ähnlich strukturierter Steroide in verschiedenen Pflanzen wurde die Möglichkeit des Einsatzes dieser Substanzen zur Steuerung der Insektenentwicklung sehr stimuliert. Insgesamt wurden etwa 35 verschiedene solcher Phytoecdysone (oder auch Ecdysoide) gefunden. Sicherlich wird ihre Zahl bei der weiteren systematischen Suche, die zur Zeit im Gange ist, noch ansteigen.

Den beiden tierischen Häutungshormonen Ecdyson und Ecdysteron (bzw. Crustecdyson) chemisch am nächsten ist das Ponasteron.

Hauptsächlichste Quelle der Phytoecdysone waren bisher bestimmte Arten von Farnen und von Gymnospermen. Unter den Angiospermen wurden dagegen nur wenige Familien festgestellt, die Phytoecdysone aufweisen, allerdings teilweise in sehr beträchtlichen Mengen. Die reichsten pflanzlichen Quellen für Ecdysteron stellen getrocknete Nadeln der Eibe dar. 45 kg getrockneter Eibennadeln ergaben 10 g reines Ecdysteron. Vergleichsweise lieferten 1000 kg Puppen des Seidenspinners *Bombyx*, aus denen erstmalig Ecdyson isoliert worden war, nur 70 mg Ecdyson!

Das Vorkommen von Ecdysoiden in Pflanzen und von Ecdyson bzw. Ecdysteron in Insekten und Krebsen wirft die Frage auf, wie sich das Auftreten so gleichartiger und spezifisch wirksamer Substanzen gleichzeitig in Tier und Pflanze verstehen und erklären läßt. Eine experimentell begründete Aussage ist dafür nicht zu erbringen.

Es erscheint aber denkbar, daß sich die Pflanze im Laufe der Evolution die Häutungshormone der Insekten zunutze machte. Durch die eigene

Synthese solcher Wirkfaktoren konnte ein Einfluß auf das die Pflanze befallende Insekt von außen erreicht werden.

Erhöhter Titer dieser Steroide mit der Wirkungsweise des Häutungshormons veranlaßt zu unmittelbarer Anregung der Entwicklungs- und Häutungsprozesse, damit eventuell auch zur vorzeitigen Geschlechtsreife, eventuell auch in einer Zeit, die dem Insekt nicht die entsprechenden Voraussetzungen zur weiteren Fortpflanzung und natürlichen Ausbreitung liefert. Damit wäre die Chance einer gewissen Eliminierung bestimmter Insektenarten auf diesem Wege gegeben. Hierfür ein besonders auffälliges Beispiel: Der australische Baum *Podocarpus elatus* weist beträchtliche Mengen Ecdysteron auf. Da dieser Baum ausgesprochen resistent gegen Schadinsekten ist, erscheint die Annahme eines Zusammenhanges sehr naheliegend (GALBRAITH und HORN 1966).

Denkbar ist auch eine völlig andere Deutung für die Beziehung solcher Steroide zwischen Pflanze und Tier. Da es sich bei den verbreitetsten Quellen der Ecdysoide, Farne und Gymnospermen, um phylogenetisch sehr alte Pflanzenkategorien handelt, ist nicht auszuschließen, daß diese Pflanzengruppen solche Steroide ursprünglich in ihrem eigenen Stoffwechsel enthielten und daß erst sekundär die Insekten diese für die Pflanze vielleicht in spezifischer Weise eingesetzten Stoffwechselprodukte übernahmen und für diese dann geeignete Rezeptoren bei gleichzeitiger eigener Synthese der Substanzen entwickelten. Eine Einschränkung für eine solche Annahme bedeutet es allerdings, daß bisher noch keine genauen Funktionen der Phytoecdysone in der Pflanze erkannt wurden.

Entsprechend der beiden Häutungshormone, erstreckt sich auch die Wirkung der sog. Ecdysoide vornehmlich auf die epidermalen Gewebe in Verbindung mit Stimulation der Entwicklungsprozesse. Dies zeigt sich deutlich an der Induktion der Metamorphose diapausierender Larven und Puppen durch Ecdysoide, weiterhin auch an der Stimulation von Wachstum und Entwicklung von Imaginalscheiben. Sicherlich gibt es in Verbindung mit der Metamorphose der Insekten kaum einen biochemischen und physiologischen Prozeß, der durch Ecdysoide in dem einen oder anderen Insekt unbeeinflußt bleibt. Das beste Beispiel hierfür bietet die durch die Ecdysoide herbeigeführte Beendigung der Diapause von Larven oder Puppen.

Die Testung von pflanzlichen Ecdysoiden als mögliche Kontrollfaktoren der Entwicklung der Insekten erbrachte in vielen Fällen vorzeitige Metamorphose, nicht selten aber auch Entwicklungshemmungen und hohe Sterblichkeitsraten. Allerdings bleibt dabei zu berücksichtigen, daß die angewandten Dosen verhältnismäßig hoch gegenüber dem normalen Häutungshormonspiegel im intakten Tier waren. Ein Nachteil für den Einsatz von Ecdysoiden als Insektizide ist ihr rascher Abbau. Dieser ist zwar für verschiedene Verbindungen unterschiedlich. Beispielsweise beträgt die Halbwertszeit in Larven der Schmeißfliege *Sarcophaga* für Ecdyson 1 h, während sie für Cyasteron 3 bis 4 h beträgt.

Schwierigkeiten bereitet weiterhin die Applikation der Steroide beim Insekt. Nur bei Verwendung bestimmter Lösungsmittel durchdringen die aufgetragenen Ecdysoide die Cuticula und treten in die Haemolymphe über. Dennoch ist mit dem „Dipping-Test" der Larven des Reisstengelbohrers *Chilo suppressalis* ein sehr geeigneter Test für Steroide im Mikrogramm-Bereich verfügbar.

Die Skala der Wirkungen der Ecdysteroide ist jedoch je nach der Substanz und ihrer Konzentration, der Insektenart und dem Entwicklungsstadium recht unterschiedlich. Außer der bereits erwähnten Häutungsstimulierung mit gleichzeitig auftretenden Schädigungen kann es zu Hemmung von Wachstum und Entwicklung, aber auch zur Anregung von Ovarentwicklung und Eiproduktion kommen. So bewirken α-Ecdyson und Inokosteron an Beinimaginalscheiben von *Drosophila in vitro* normale Metamorphose, während β-Ecdyson hemmend wirkt. (Mandaron 1973). Andererseits stimuliert lediglich α-Ecdyson bereits in geringen Dosen die Zellvermehrung bei *Drosophila in vitro*, Inokosteron und β-Ecdyson dagegen nicht. Hieraus könnte der Schluß gezogen werden, daß α-Ecdyson weitgehend die Wachstumsprozesse fördert, während β-Ecdyson eher auf die Zelldifferenzierung einwirkt. (Courgeon 1972). Verfütterung von Phytoecdysonen an Seidenraupen führte zur Verlängerung des Raupenstadiums und zu überzähliger Raupenhäutung (Ito, Horie und Watanabe 1970).

Die verschiedenen Erfahrungen zeigen, daß die Häutungshormone der Insekten wie auch die aus anderen Quellen stammenden Ecdysoide Vorteile und Nachteile für einen Einsatz als Insektizide in sich vereinigen. Bisher sind daher auch noch keine entscheidenden Erfolge für ihre praktische Verwendung erkennbar. Das bedeutet jedoch keineswegs, daß ein gezielter Einsatz völlig ausgeschlossen wäre. Allerdings bedarf es hierfür weiterer Untersuchungen. Die für Ecdyson und für die Ecdysoide erkannten grundlegenden Wirkungsmechanismen auf zellulärer bzw. molekularer Ebene bilden dafür ganz gewiß eine aussichtsreiche Voraussetzung.

1.2. Das Juvenilhormon

Der Gedanke, Substanzen mit Juvenilhormon-Aktivität als Insektizide einzusetzen und zu nützen, wurde erstmalig 1956 durch Williams in Verbindung mit seinen Versuchen am Riesenseidenspinner *Hyalophora* geäußert.

Die Möglichkeit seiner Verwirklichung tauchte jedoch erst 10 Jahre später mit der Entdeckung des sog. „paper factors“ auf. Durch einen besonderen Umstand zeigte sich, daß Larven der Feuerwanzen durch einen Faktor an ihrer Weiterentwicklung gehemmt werden, der aus der amerikanischen Balsamfichte stammt, die zur Papierverarbeitung benutzt wird. Das weitere Bemerkenswerte war außerdem, daß dieser Faktor, der kurz darauf isoliert und als Juvabion bezeichnet wurde, selektiv auf Wanzen der Familie *Pyrrhocoridae* wirkte.

Diese Feststellungen lösten eine rege Aktivität der Synthese chemischer Verbindungen aus, die auf ihre Juvenilhormon-Wirksamkeit geprüft wurden. Obgleich ihre bisher erreichte Zahl nicht genau bekannt ist, existieren jetzt mehrere Hundert bis ca. tausend wirksame synthetisierte Verbindungen. Da es sich dabei nicht um Verbindungen handelt, die dem Molekül des Juvenilhormons analog sind, jedoch die typischen Wirkungsmerkmale des Juvenilhormons aufweisen, spricht man neuerdings statt von Juvenilhormon-Analoga von Juvenoiden. Sie lassen sich in zwei große Gruppen einordnen (Abb. 3).

1. Azyklische Verbindungen, zu denen Farnesol und seine Derivate sowie auch die aus *Hyalophora* isolierten „eigentlichen“ Juvenilhormone gehören.

2. Zu den zyklischen Juvenoiden gehören das bereits genannte Juvabion und das Dehydrojuvabion. Ebenso sind hier einige Peptid-Derivate der Alkyl-*p*-Aminobenzoate zu nennen, die eine hohe Aktivität bei einer ausgesprochenen Spezifität wiederum gegenüber der Familie der Pyrrhocoriden aufweisen. Unter ihnen befindet sich diejenige Verbindung mit einer Juvenilhormon-Aktivität, die weit über die der natürlicherweise bisher aufgefundenen hinausgeht und die in dieser Weise bisher wirksamste Substanz überhaupt darstellt. Diese Feststellungen werfen die Frage nach der wirklichen Natur des Juvenilhormons auf, insbesondere ob die Struktur des Hormons nicht näher mit Peptiden verwandt ist. Dabei ist zu bedenken, daß bisher nur 3 Verbindungen aus natürlichen Quellen als Juvenilhormon-wirksame Substanzen isoliert worden sind und zur endgültigen Beurteilung über die Natur dieses Hormons sicherlich noch mehr Erfahrungen in dieser Hinsicht erforderlich sind.

Aus der Vielzahl der in Laboratorien geprüften und der auch bereits in begrenzten Feldversuchen getesteten Verbindungen sind einige wenige Substanzen im handelsmäßigen Einsatz bzw. wurden dafür angekündigt. Die unter der Bezeichnung MON-0585 von der Firma Monsanto (USA) in den Handel gebrachte Substanz bewirkt, während der Larvalperiode angewendet, ein Absterben der Stechmückenlarven während der Häutung.

Azyklische Juvenoide

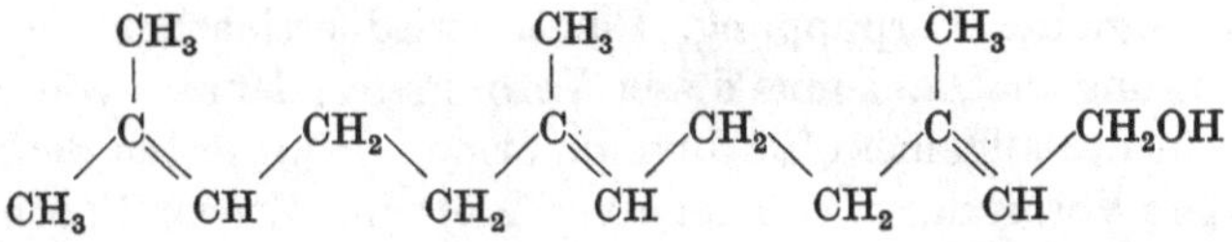

Farnesol

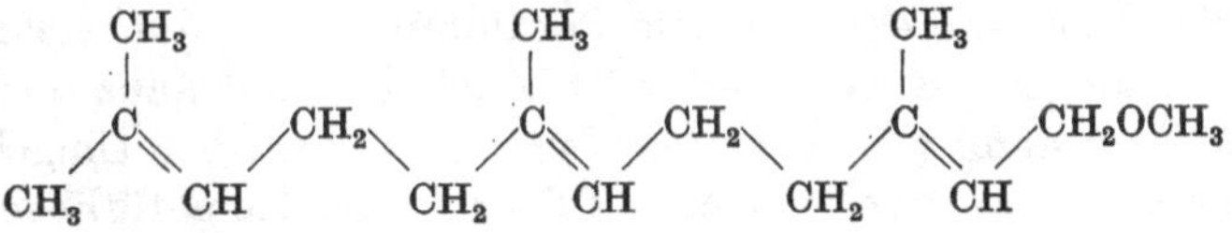

Farnesylmethyläther

Zyklische Juvenoide

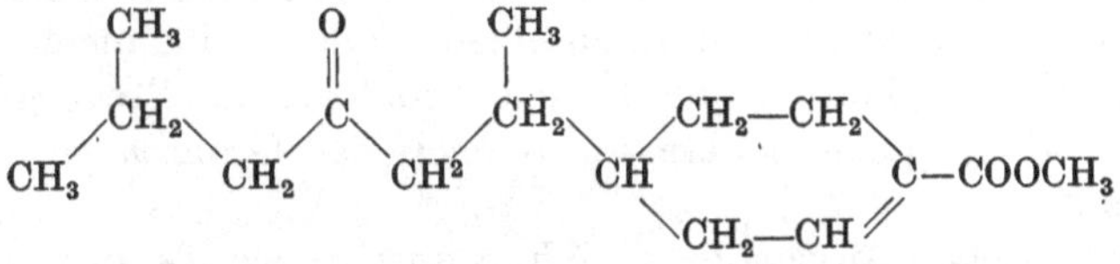

Juvabion

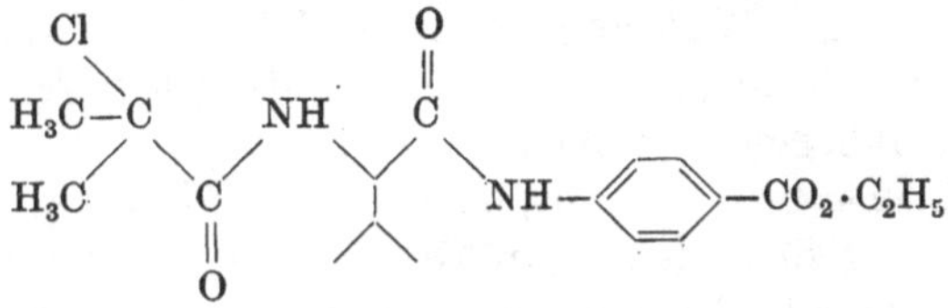

hoch aktives Peptid

Abb. 3. Übersicht über die beiden wesentlichsten Konfigurationstypen von Juvenoiden: Azyklische und zyklische. Das hier aufgezeichnete Peptid unter den zyklischen Juvenoiden besitzt eine Wirkung, die die des natürlichen Juvenilhormons um ein Vielfaches übersteigt.

Nach den vorliegenden Literatur-Informationen bleibt die Verbindung eine bis einige Wochen in biologisch wirksamen Konzentrationen beständig. Zu erwähnen ist weiterhin, daß die Substanz weitgehend spezifisch gegenüber Mücken wirksam ist. Im Vergleich zu den natürlichen Juvenilhormonen und auch zu den Insektiziden der zweiten Generation ist die Tatsache bemerkenswert, daß die frühen Larvenstadien weniger empfindlich sind als das letzte. Hieraus erklärt sich auch die charakteristische Wirkungsweise dieser Substanz, nämlich die Hemmung der Metamorphose auf einem frühen Stadium der Verpuppung. Daraus wird ersichtlich, daß sich der primäre Wirkungsmechanismus dieser Verbindung, der hier völlig ungeklärt ist, nicht mit der allgemein für Juvenilhormon diskutierten decken kann.

Eine andere Verbindung, von der amerikanischen Zoecon Coorporation im Jahre 1973 in Groß-Feldversuchen eingesetzt und im Jahre 1974 für handelsmäßigen Einsatz vorgesehen, ist die unter dem Namen Altosid-SR-10 laufende Substanz, die ebenfalls zur Bekämpfung von Mückenlarven, vor allem der Gattung *Aedes*, verwendbar ist. Auch diese Substanz zeichnet sich durch eine Persistenz von mehreren Tagen in natürlicher Umgebung aus gegenüber der Halbwertszeit von etwa 1 Stunde, die das natürliche Juvenilhormon besitzt.

Diese beiden Substanzen stellen wohl die bis jetzt am weitest entwickelten Insektizide der dritten Generation auf der Juvenoidbasis dar. Sie zeigen einerseits die Möglichkeit, auf diese Weise wirksame Faktoren zur Kontrolle der Insekten zu schaffen und einzusetzen, andererseits machen sie aber auch deutlich, daß damit zugleich neue Probleme zur Steuerung der Insektenentwicklung insbesondere im Bereich der Grundlagenwissenschaft auftauchen.

Die synthetischen Juvenoide entfalten ebenso wie die drei natürlichen Juvenilhormone nur in bestimmten, deutlich abgegrenzten Entwicklungsphasen des Insekts ihre Wirksamkeit. Damit hängt engstens auch die Verschiedenheit ihrer Wirkungsarten zusammen, die sich zum Teil mit der der natürlichen Juvenilhormone decken.

In erster Linie ist hier die morphogenetische Wirkung zu nennen. Sie prägt sich bereits rein äußerlich in Gestalt und Muster der Epidermisstrukturen aus. Durch Juvenilhormon und die Juvenoide werden die morphologischen Larvenmerkmale erhalten und die mit der Metamorphose gekoppelten Erscheinungen verhindert. Zusätzliche Applikation von Juvenilhormon ebenso wie Einsatz von Juvenoiden kann daher in Verbindung mit Häutungen zur Entstehung von Riesenlarven führen. Mit der Verhinderung der Metamorphose unterbleibt zugleich die Geschlechtsreife. Gerade aber darauf beruht eine wesentliche Voraussetzung für den erwünschten Erfolg beim Einsatz von Juvenoiden als Insektizide der dritten Generation. Häufig kommt es aber gar nicht zur vollständigen Entwicklung neuer Stadien nach Behandlung mit diesen Substanzen, weil die betreffenden Stadien durch verschiedene Schädigungen bzw. Mißbildungen nicht mehr in der Lage sind, aus der alten Larvenkutikula zu schlüpfen, und schon so auf diese Weise absterben.

Sehr charakteristisch für die Wirksamkeit der Juvenilhormone und der

Juvenoide ist auch ihr gonadotroper Effekt, der sich insbesondere an der Wirkung auf die Größe und Entwicklung der Ovarien bzw. an der Größe und dem Dottergehalt von Oocyten zeigt. Der gonadotrope Effekt kann in zweierlei Hinsicht in Erscheinung treten. Unreife Ovarien reagieren in der Weise auf Juvenoide und auf die natürlichen Juvenilhormone, wie dies auch andere larvale oder puppale Gewebe und Organe tun, d. h. sie hemmen die Metamorphose, mit der zugleich die Verhinderung der Ovarentwicklung verbunden ist. Dagegen stimulieren die Juvenoide ebenso wie die Juvenilhormone die Eientwicklung und das Wachstum der Oocyten bei den metamorphosierten Weibchen mit einem differenzierten Ovar. Dennoch trifft diese Wirkung der Juvenilhormone bzw. der Juvenoide auf die Dotterbildung im Ei nicht allgemein zu, obgleich sie offensichtlich für die meisten Insekten charakteristisch ist. Bei einigen Lepidopteren und Hymenopteren vollziehen sich die Ovarentwicklung und die Vitellogenese bereits im Puppenstadium. Das bedeutet, daß in diesen Fällen die Eireifung unter Abwesenheit des Juvenilhormons abläuft. Dementsprechend stimulieren Juvenoide in solchen Fällen nicht die Dotterbildung, sondern im Gegenteil hemmen sie.

Neuere Feststellungen bei verschiedenen Insektenordnungen haben gezeigt, daß Juvenoide — vor allem Juvabion — bereits bestimmte Phasen der Embryogenese beeinflussen. Weiterhin können Diapause und bestimmte Stoffwechselprozesse von Juvenoiden beeinflußt werden, worauf hier jedoch im einzelnen nicht eingegangen werden kann.

Durch die Anwendung von Juvenoiden entwickelt sich die befruchtete Eizelle entweder nur bis zu einem bestimmten kritischen Stadium, oder aber es kommt zu drastischen Entwicklungsanomalien und Mißbildungen des Embryos.

Das Prinzip der angestrebten Anwendungsweise von Juvenoiden wird aus allem nochmals deutlich. Es besteht darin, auf verschiedenen Stadien der Ontogenese Mißbildungen oder nicht voll funktionsfähige Formen zu schaffen, die letztlich zugrunde gehen. Damit wird indirekt zugleich auch die Fortpflanzung dieser Insekten verhindert. Die Juvenoide sind demnach chemische Wachstumsregulatoren der Insekten, die weder auf die Insekten noch — nach unseren bisherigen Kenntnissen — auf andere Organismen eine toxische Wirkung ausüben.

Trotz dieser optimistischen Einschätzung kann eine Reihe von Einschränkungen nicht übersehen werden.

Wie deutlich geworden sein dürfte, wurden die Juvenoide zwar ursprünglich in Anlehnung an die Molekülkonfiguration der natürlichen Juvenilhormone entwickelt, aber die meisten Juvenoide entstanden durch chemische Syntheseschritte und anschließende Testung ihrer biologischen Aktivität nach der Screening-Methode. Das bedeutet aber, daß auch die Juvenoide ebenso wie die Insektizide der klassischen Periode mehr oder weniger durch Zufall gefunden wurden. Damit hängt zusammen, daß bisher keine gesetzmäßigen Beziehungen zwischen der Molekülkonfiguration der Juvenoide und ihrer Wirkung aufgedeckt werden konnten. Vor der Phase der Entwicklung der Juvenoide wurde die Auffassung geäußert, daß bei den Insekten keine Resistenz gegenüber ihrem Juvenilhormon entstehen könnte. Jetzt ist die Situation aber anders. Die für das Juvenilhormon charakteristische Wirkung wird nun durch eine Vielzahl synthetisch hergestellter Juvenoide nachgeahmt, die sowohl unterschiedliche strukturelle als auch andere Eigenschaften wie das eigentliche Juvenilhormon aufweisen. Einige Juvenoide werden inaktiviert oder rasch ausgeschieden, wie z. B. das Farnesol, manche werden in der Haemolymphe leicht transportiert, andere wieder nicht. Einige in Pflanzen vorkommende Juvenoide, wie z. B. Juvabion, sind nur gegenüber bestimmten Insektenarten wirksam, gegenüber den meisten anderen jedoch nicht. Die Frage des Resistenzproblems der Juvenilhormon-Mimiksubstanzen muß daher jetzt anders beurteilt werden, als es ursprünglich für das Juvenilhormon des Insektenorganismus angenommen worden ist.

Ein weiterer einschränkender Umstand für die Beurteilung der Einsatzmöglichkeiten von Juvenoiden ist, daß es keine universell wirkende Juvenoidverbindungen gibt. Man kennt z. B. einige Insektengruppen (z. B. manche Dipteren), die allen bisher bekannten Juvenoiden widerstehen. Weiterhin ist es sehr unwahrscheinlich, daß die während der einzelnen Entwicklungsstadien auftretenden Wirkungen des Juvenoids, d. h. also die ovoizide, die morphogenetische, die gonadotrope, auf ein und denselben Wirkungsmechanismus zurückzuführen sind.

Über den primären Wirkungsmechanismus des Juvenilhormons existieren zwar einige Theorien. Experimentell begründete und einheitlich zu beurteilende Tatsachen liegen hierzu jedoch nicht vor. Insbesondere ist auch der zelluläre Wirkungsmechanismus der Juvenoide völlig unklar. Es ist weiterhin unsicher, ob die Wirkung der verschiedenen Juvenoide auf einzelne Entwicklungsstadien stets auf dem gleichen Wirkungsmechanismus beruht. Mit dem Auftreten einer bestimmten Anomalie bzw. Verbildungsform wird nur das Ende einer Kette von Prozessen beobachtet, die jedoch mit verschiedenen Mitteln an jeweils unterschiedlichen Stellen ausgelöst sein können. Diese Überlegungen zeigen daß, ungeachtet einiger praktisch bereits verwertbarer Anwendungen, zahlreiche grundsätzliche Probleme der Wirkung des Juvenilhormons und der Juvenoide aufzuklären sind.

In dieser Situation erscheint es nicht nur gerechtfertigt, sondern geradezu geboten, auch die anderen Denkmöglichkeiten zu erkunden und zu überprüfen. Insbesondere ist damit die Frage nach der Steuerung des dritten an der Insektenentwicklung beteiligten Hormons, des sog. Gehirnhormons und seiner Einsatzmöglichkeiten für eine gelenkte Entwicklung im Sinne eines Insektizids der dritten Generation gestellt. Im Grunde genommen befinden wir uns hier noch im Stadium der reinen Erkundungsforschung. Über praktisch verwertbare Ansätze kann noch nicht gesprochen werden. Dafür lassen sich im Gegensatz zu den Juvenoiden Aussagen über den primären Wirkungsmechanismus machen. Dementsprechend ist auch das Vorgehen anders als im Falle der Juvenoide. Es wurde nicht die Wirkung verschiedener Verbindungen nach der Screening-Methode geprüft, sondern vielmehr untersucht, welche Faktoren unter dem Begriff „brain hormone“ zu verstehen sind und welche Funktion diese Faktoren aufweisen. Hierfür ist eine günstige Voraussetzung — wiederum im Gegensatz zur Situation des Juvenilhormons und der Juvenoide —, daß der als Gehirnhormon bezeichnete Komplex mit der Häutungsdrüse ein eindeutiges target-Organ aufweist.

1.3. Das „Brain Hormon“

Das sog. „Brain Hormon“ stimuliert nach der heute allgemein anerkannten Auffassung die Prothoracaldrüse und ist ihr daher funktionell übergeordnet. Die übergeordnete Stellung, die der Gehirn-Komplex bei der Steuerung der Insektenentwicklung einnimmt, bildet zusammen mit der Spezifität der Wirkung auf die Häutungsdrüse die Grundlage für die Möglichkeit einer neuen Prinziplösung. Diese Vorstellungen sehen vor, die Entwicklung der Insekten durch Eingriff auf der Ebene des übergeordneten neurohormonalen Gehirn-Komplexes zu beeinflussen. Dabei können Peptide als Metaboliten oder auch als Antimetaboliten in Art von Hemmhormonen wirksam werden. Die Möglichkeit des Einsatzes von Hemmhormonen als neuartige Prinziplösung zur Kontrolle der Insektenentwicklung erscheint aus mehreren Gründen durchaus nicht abwegig. Schließlich basiert diese Vorstellung auf biologischen Gegebenheiten; denn die Entwicklung der Krebse wird durch ein Hemmhormon reguliert, das ebenso wie im Falle der Insekten ein Neurohormon darstellt und übergeordnet die Funktion der Häutungsdrüse reguliert. Sehr wahrscheinlich ist dieses Hemmhormon wie das Gehirnhormon der Insekten ein Peptid. Einen weiteren beachtenswerten Umstand für eine solche Vorstellung ist die Tatsache, daß zwischen Hormonen der Insekten und denen der Krebse vielfältige Ähnlichkeiten, z. T. sogar Identitäten bestehen. Das betrifft das Häutungshormon Ecdyson bzw. Crustecdyson ebenso wie auch einige Neurohormone. Daher kann die Frage nach der Entwicklung und Anwendung neuer Prinziplösungen bei Insekten, ausgehend von der Existenz und der Wirkungsweise von Hemmhormonen bei Krebsen, ernsthaft in Betracht gezogen und geprüft werden.

Somit stehen hier zwei umfassende Fragenkomplexe zur Diskussion. Der erste betrifft das sog. „Gehirn-Hormon", seine Natur und seine Wirkungsweise, d. h. im speziellen die funktionellen Beziehungen Gehirnhormon — Prothoracaldrüse der Insekten. Als zweites ist die Frage der Wirkung des Hemmhormons der Krebse auf Krebse selbst sowie 3. dessen Anwendungsmöglichkeiten auf Insekten zu erörtern. Obgleich schon lange bekannt ist, daß das Gehirn auf hormonale Weise die Entwicklung der Insekten steuert und diese Erkenntnis im Grunde genommen der erste Hinweis auf das Vorkommen eines Hormons bei wirbellosen Tieren überhaupt bedeutet, wissen wir über seine genauere Wirkung verhältnismäßig wenig. Zwar ist durch die ebenfalls schon länger zurückliegenden Arbeiten von FUKUDA (1940, 1944) und WILLIAMS (1946, 1947) geklärt, daß das Gehirnhormon nicht direkt sondern indirekt über die Häutungsdrüse wirkt; denn der Ausfall der Häutungsdrüse führt in den meisten Fällen zu Häutungsstillstand. Neuere Hinweise lassen jedoch Zweifel aufkommen, ob die ursprüngliche Auffassung, nach der das in neurosekretorischen Zellen produzierte Gehirnhormon die Prothoracaldrüse zur Produktion und Ausschüttung des Häutungshormons veranlaßt, in dieser Form aufrecht erhalten werden kann. Die Auftrennung von Homogenaten des Gehirns + Corpora cardiaca der Schabe *Periplaneta americana* mittels Gelfiltration hatten 2 entwicklungsphysiologisch aktive Fraktionen ergeben (GERSCH und STÜRZEBECHER 1968), die als Aktivationsfaktor I und II bezeichnet wurden. Das Molekulargewicht vom Aktivationsfaktor I liegt im Bereich von 40000, das vom Aktivationsfaktor II bei ca. 20000.

Auch von anderen Autoren ist auf die Heterogenität des Gehirnhormons hingewiesen worden. (ISHIZAKI & ICHIKAWA 1967). Die weitere Untersuchung dieser beiden Fraktionen ergab, daß sie unterschiedliche zelluläre Wirkungsmechanismen besitzen. Aktivationsfaktor I stimuliert die RNS-Synthese der Prothoracaldrüse. Für den Aktivationsfaktor II wurde dagegen eine Wirkung auf die Membranpermeabilität der Prothoracaldrüse nachgewiesen.

Einen weiteren Hinweis auf die Heterogenität des als Gehirnhormon bezeichneten Faktors bedeutet die nach Extraktion und erster Auftrennung mittels Gelfiltration vorgenommene Isolierung zunächst von Aktivations-

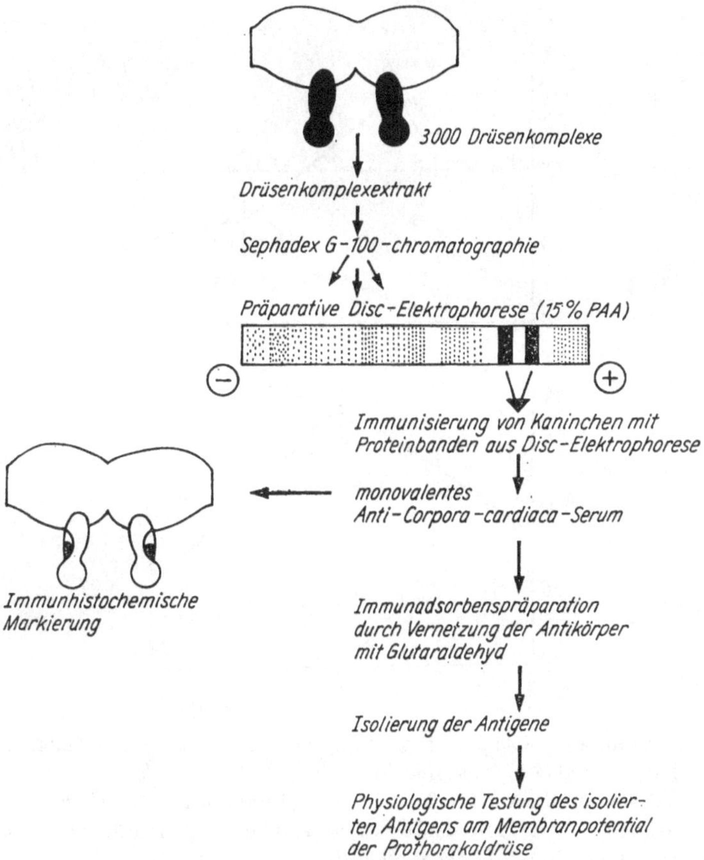

Abb. 4a. Schematische Übersicht über die Isolierung, Reinigung und Lokalisierung des „membranaktiven" Faktors A II aus dem Retrocerebralkomplex von *Periplaneta americana* unter Einschaltung immunologischer Methoden (nach noch unveröffentlichten Untersuchungen von Eckert).

faktor II mit Hilfe von immunologischen Methoden. Es wurde das entsprechende Anti-Neurosekret-Serum zu Glutaraldehyd vernetzten Immunosorbentien verarbeitet. Mit Hilfe der Disc-Elektrophorese in Polyacrylamidgel konnten der Reinheitsgrad und die Spezifität der isolierten Antigene geprüft werden. Eine Übersicht dieser Trennungs- und Reinigungsschritte zeigt Abbildung 4a (nach noch unveröffentlichten Untersuchun-

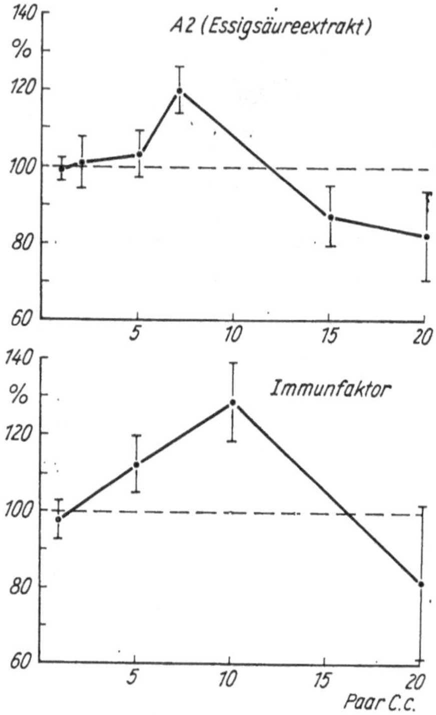

Abb. 4b. Ergebnis der biologischen Testung des immunologisch gereinigten Faktors am Membranpotential der Prothoracaldrüse von *Galleria mellonella*. Deutlich ist zu erkennen, daß der auf diese Weise hoch gereinigte Faktor die gleiche Dosis-Wirkungsbeziehung aufweist wie der mittels Gelfiltration früher aufgetrennte und entsprechend getestete Aktivationsfaktor II (nach dem Test von GERSCH und BIRKENBEIL 1973).

gen von Dr. ECKERT). Dieses hochgereinigte Protein zeigt im physiologischen Membranpotentialtest an der Prothoracaldrüse von *Galleria mellonella* die für Aktivationsfaktor II charakteristische Dosis-Wirkungs-Beziehung (Abb. 4b). Zugleich läßt sich das korrespondierende Anti-Serum einer ganz bestimmten Speicherzone im Corpus cardiacum zuordnen.

Diese hier nur kurz angedeuteten Feststellungen sprechen für einen hohen Grad der damit erreichten Spezifität und bilden zugleich einen geeigneten Ausgangspunkt für die weitere Aufklärung des Wirkungsmechanismus der beteiligten Faktoren auf zellulärer Ebene.

Mit fortschreitender Kenntnis der beteiligten Faktoren und ihrer Wirkung schien es vorteilhaft, anstelle der bisher gewöhnlich gebräuchlichen entwicklungsphysiologischen Teste an Larven, Puppen bzw. der nach Schnürung gewonnenen Halblarven und dgl. einen zellulären Test zu nützen. Hierfür kam auf Grund der normalen funktionellen Zusammenhänge in erster Linie die Prothoracaldrüse in Frage. So entstand der von uns entwickelte Prothoracaldrüsen-Test (Gersch und Bräuer 1974).

Dieser Test basiert auf der Feststellung, daß sowohl Gehirn-Corpora-cardiaca-Homogenate als auch der nach Gelfiltration aufgetrennte Aktivationsfaktor I eine signifikante Erhöhung der RNS-Synthese in der Prothoracaldrüse verursachen (Gersch und Stürzebecher 1970, Bräuer 1973). In so aktivierten Drüsen wird die Synthese aller RNS-Arten stark erhöht. Sehr zeitig tritt dabei eine Stimulierung der s-RNS-Synthese in Erscheinung. Nach längeren Einwirkungszeiten des Aktivationsfaktors I werden bevorzugt ribosomale RNS-Arten synthetisiert. Außerdem treten in aktivierten Drüsen noch kleinere Aktivitäts-Peaks auf, die bisher nicht weiter charakterisiert werden konnten, möglicherweise u. a. auch niedrigmolekulare Messenger-RNS-Arten mit umfassen.

Zwar ist damit noch nicht die Bildung Hormon-spezifischer Messenger-RNS-Arten erwiesen, was nach der Genaktivierungshypothese als wichtigster Schritt und als primäre Reaktion im Wirkungsmechanismus des Hormons anzusehen ist. Dennoch kann aus zweierlei Befunden auf eine damit ausgelöste Spezifität geschlossen werden. Es zeigt sich erstens eine deutliche Dosis-Wirkungs-Beziehung, wie sie in der Inkorporation von ^{3}H-5-Uridin in die RNS kultivierter Prothoracaldrüsen von *Periplaneta*-Larven in Abhängigkeit von der Konzentration des Aktivationsfaktors I zum Ausdruck kommt. (Gersch und Bräuer 1974) (Abb. 5). Wesentlich ist zweitens die Feststellung, daß die durch den Aktivationsfaktor I stimulierte RNS-Synthese ausschließlich die Prothoracaldrüse betrifft. Andere Gewebe, wie Muskelgewebe, Fettkörper, Epithelzellen werden nicht aktiviert (Bräuer, Gersch, Baumann 1975). Somit gewährt der sog. Prothoracaldrüsentest, der sich auf in-vitro-Kultur von Prothoracaldrüsen der Schabe *Periplaneta americana* und einigen Lepidopteren aufbaut und als Maß für die zelluläre Aktivität dieser Organe die Inkorporation von ^{3}H-5-Uridin in die RNS der Drüsen aufzeichnet, spezifische Aussagen.

Die Auffassung, daß Aktivationsfaktor I eine klar gekennzeichnete Wirkungsspezifität aufweist, wird außer durch die bereits genannten Tatsachen noch durch die Feststellung erhärtet, daß auch Aktivationsfaktor II gleichfalls eine allerdings anders geartete Spezifität zellulärer Wirkung besitzt. Sie bezieht sich nach Befunden an der Prothoracaldrüse der Wachsmotte *Galleria mellonella* auf das Membranpotential der Drüsenzellen. Die

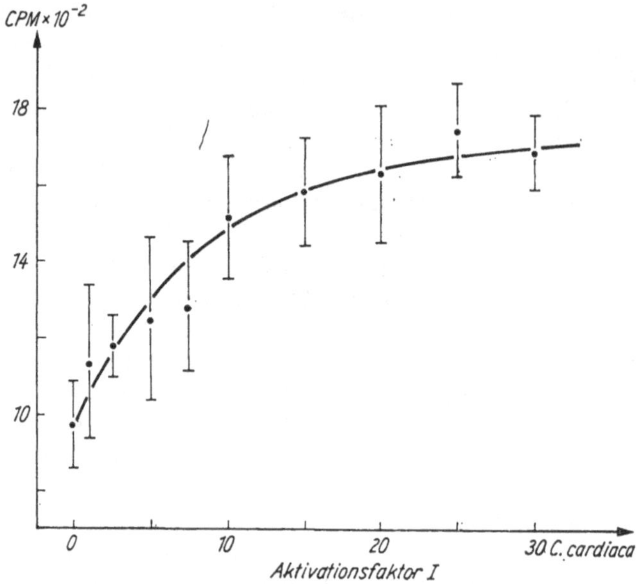

Abb. 5. Dosis-Wirkungs-Abhängigkeit zwischen Konzentration des Aktivationsfaktors I und der Inkorporation von ^{3}H-5-Uridin in die RNS von Prothoracaldrüsen von *Periplaneta americana*-Larven *in vitro* (Prothoracaldrüsen-Test nach GERSCH und BRÄUER 1974).

Tabelle 2

Einfluß des Aktivationsfaktors I auf die ^{3}H-Uridin-Inkorporation in die RNS verschiedener Gewebe und Organe von 5 Tage alten Larven der Schabe *Periplaneta americana*

Gewebe	Inkorporationsrate			P (%)
	Kontrolle (cpm)	Aktivationsfaktor I (cpm)	AF I / Kontrolle (%)	
Prothoracaldrüse	9748 ± 920	16322 ± 1346	168	<0.1
Gehirn	5326 ± 926	5410 ± 808	100	n. s.
Corpora-cardiaca-allata	1181 ± 988	1120 ± 936	95	n. s.
Speicheldrüse	6856 ± 1636	6401 ± 1930	94	n. s.
Muskelgewebe	1582 ± 409	1235 ± 249	78	n. s.
Mitteldarm	2622 ± 674	2565 ± 698	98	n. s.
Fettkörper	1636 ± 372	1956 ± 380	119	n. s.

hier mit fortschreitender Entwicklungsphase während des Larvenstadiums auftretende Potentialerhöhung steht wahrscheinlich in engem Zusammenhang mit der auch bei anderen Objekten festgestellten Beziehung zwischen der funktionellen Aktivität eines Gewebes bzw. Organs und den Eigenschaften der Membran seiner Zellen (GERSCH und BIRKENBEIL 1973). Die Spezifität der Wirkung von Aktivationsfaktor II wird dabei in zweierlei Hinsicht markiert. Einerseits beeinflußt ausschließlich Aktivationsfaktor II das Membranpotential im Gegensatz zu Aktivationsfaktor I, wie auch umgekehrt nur der letztere die RNS-Synthese der Prothoracaldrüse stimuliert, Aktivationsfaktor II dagegen hierauf keinen Einfluß hat. Andererseits scheint die Wirkung des Aktivationsfaktors II auf das Membranpotential in enger Beziehung zu der hormonalen Steuerung dieses Faktors zu stehen (Abb. 6). Das läßt sich auch aus der Feststellung ableiten, daß dieser Faktor zwar das Potential der Prothoracaldrüsenzellen (wie übrigens bemerkenswerterweise auch der Spinndrüsenzellen von *Galleria*) erhöht, nicht aber das der Speicheldrüsen.

Als grundsätzliches Ergebnis dieser hier nur kurz gestreiften Befunde kann daher festgehalten werden: Die beiden entwicklungsphysiologisch aktiven Fraktionen des sog. Gehirnhormons, Aktivationsfaktor I und II, besitzen offensichtlich unterschiedliche zelluläre Wirkungsmechanismen.

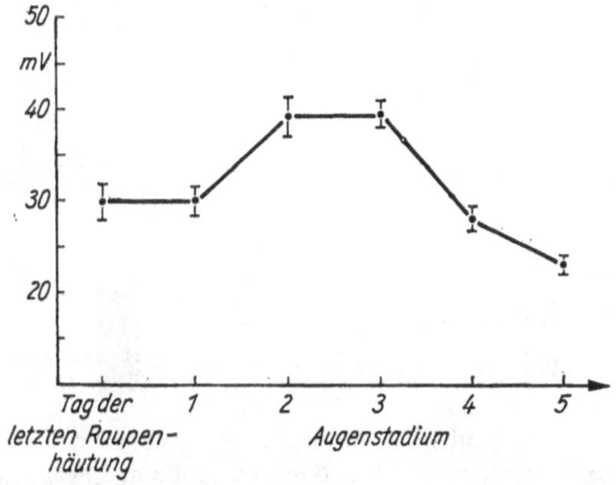

Abb. 6. Membranpotentialmessungen an den Prothoracaldrüsen von *Galleria mellonella*-Raupen der Augenstadien I bis V in situ. Mit beginnender Aktivierung der Drüse im Augenstadium 2 tritt auch eine deutliche Erhöhung des Membranpotentials auf, dessen Maximum im Augenstadium 3 liegt. Nach der kritischen Phase der Drüse ist in den Augenstadien 4 und 5 signifikante Senkung des Membranpotentials zu beobachten. (Nach GERSCH und BIRKENBEIL 1973).

Aktivationsfaktor I bewirkt eine Steuerung der RNS-Synthese; Aktivationsfaktor II scheint über Permeabilitätsbeeinflussung zu wirken. Selbstverständlich sind damit nicht schon alle mit der hormonalen Wirkung zusammenhängenden Fragen dieser Faktoren aufgeklärt. Es ist aber ein Anfang für das Verständnis des Wirkungsmechanismus auf zellulärer Ebene dieses entwicklungsphysiologisch bedeutsamen Hormonkomplexes

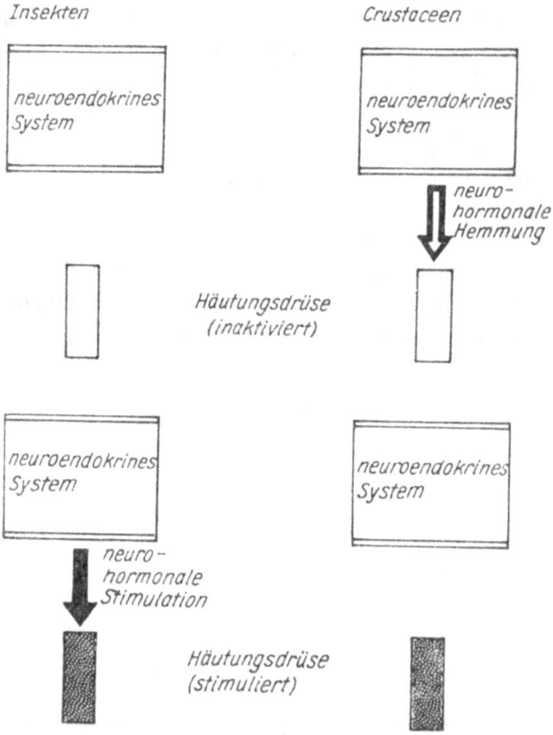

Abb. 7. Schematische Übersicht über die beiden Formen der neurohormonalen Steuerung der Häutungsdrüse einerseits bei Krebsen und andererseits bei Insekten. Bei Krebsen hemmt das übergeordnete Neurohormon aus den Augenstielen die Aktivität der Häutungsdrüse. Sein Wegfall führt zur Aktivierung der Häutungsdrüse und damit zur Abgabe des Häutungshormons. Bei Insekten dagegen stimuliert das übergeordnete Häutungshormon aus dem Gehirn-Corpora-cardiaca-Komplex die Funktion der Häutungsdrüse (Prothoracaldrüse). Seine Aktivität leitet daher die Häutungsprozesse überhaupt erst ein.

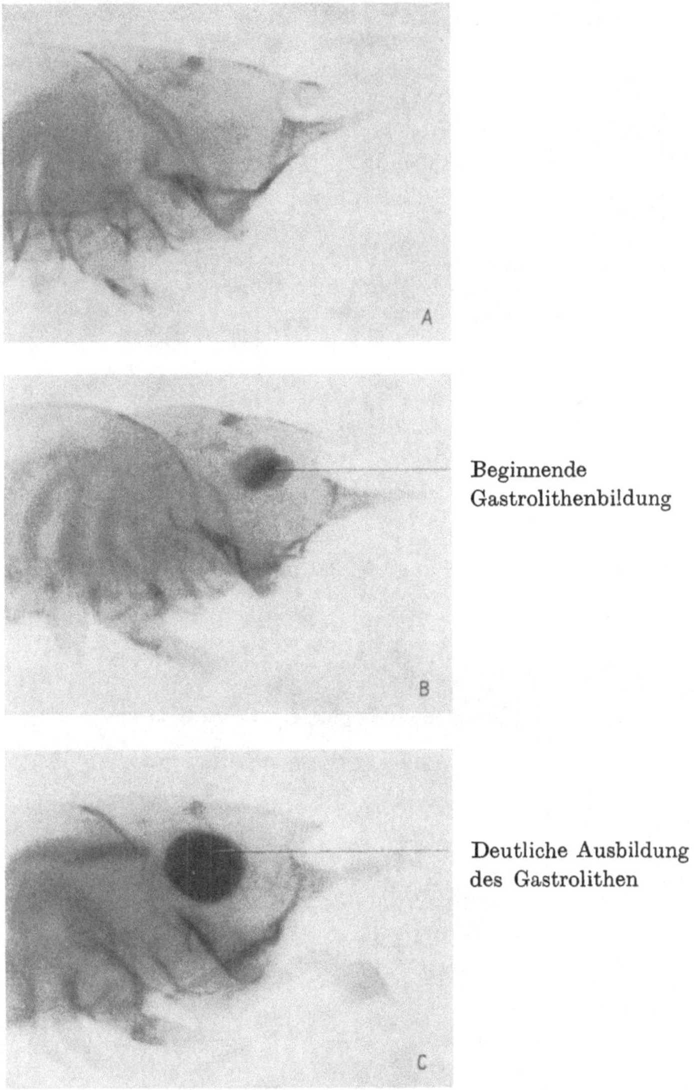

Abb. 8. Röntgenaufnahmen von 3 Gastrolithenbildungsstadien beim Flußkrebs *Orconectes*. Stadium A: Noch keine Ausbildung von Gastrolithen (Tier in der Zwischenhäutungsphase); Stadium B: Gastrolithenbildung bereits erkennbar (14 Tage nach Augenstielentfernung); Stadium C: Volle Gastrolithenbildung im späten Vorhäutungsstadium (23 Tage nach Augenstielentfernung).

der Insekten gemacht. Diese Ergebnisse und Einsichten können zugleich als Grundlage für die Erörterung der anderen früher bereits genannten Problemstellung dienen, nämlich der Frage der Wirkung des Hemmhormons der Krebse auf Krebse selbst sowie dessen Anwendungsmöglichkeiten auf Insekten. Darauf basiert schließlich die Vorstellung, hieraus eine neue Prinziplösung zur Kontrolle der Insektenentwicklung abzuleiten.

Die Notwendigkeit, an dieser Stelle etwas über die Wirkung des Hemmhormons der Krebse auf Krebse selbst zu sagen, ergibt sich aus den Feststellungen eigener experimenteller Erfahrungen. Die Literaturangaben, die sich bisher fast ausschließlich auf Mallocostracen beziehen und die allgemein immer wieder zitiert werden, besagen, daß im Gegensatz zu den Verhältnissen der Insekten das aus der Sinusdrüse stammende Neurohormon der Krebse die Häutungsdrüse, d. h. Bildung und Ausschüttung des Häutungshormons, hemmen. Ausschaltung der Sinusdrüse, d. h. Wegfall des häutungshemmenden Hormons, löst eine vorzeitige Häutung aus (Abb. 7).

Unsere Untersuchungen hierzu, die allerdings an Asseln (Isopoden) durchgeführt wurden, erbrachten keine eindeutige Bestätigung für diese Vorstellung. Vielmehr erfolgten in nicht wenigen Fällen trotz experimenteller Ausschaltung der Sinusdrüse (was hier mit technischen Schwierigkeiten verbunden ist und bei den Versuchstieren erhebliche Schädigungen verursacht) verlangsamte oder zumindest normale Entwicklungsabläufe (Böhm und Eibisch, noch unveröffentlicht). Umgekehrt führte die Injektion von Homogenaten der Sinusdrüse wie auch ihrer durch Säulenchromatographie aufgetrennten Fraktionen häufig eher zu einer Beschleunigung statt zu einer Verlängerung der Zwischenhäutungsphase. Diese unsicheren Befunde können eventuell ihre Erklärung in der Eigenart der Reaktion des hier verwandten Materials finden, da sich die genannte Vorstellung auf Experimente an Decapoden und nicht an Isopoden stützt. Möglich ist aber auch, daß nur spezielle sensible Phasen für die Hormoneinwirkung bestehen, die hier nicht berücksichtigt wurden. Schließlich muß damit natürlich auch die Frage nach der Allgemeingültigkeit dieser Konzeption für Krebse gestellt werden. Ähnlich wie im Falle der Insekten erscheint es zur genaueren Aufklärung des Wirkungsmechanismus der jeweiligen Faktoren auch hierbei angebracht, nicht nur die meist üblichen entwicklungsphysiologischen Teste anzuwenden, sondern neue Testmöglichkeiten auf zellulärer Ebene einzubeziehen. Als Testsysteme wurden daher außer der Sternalplattenbildung bei Isopoden, die Gastrolithenbildung bei Decapoden mittels Röntgenaufnahmen (Abb. 8), die Einbaurate von markierten Aminosäuren in die Häutungsdrüse vergleichend zwischen Normaltieren und Augenstielexstirpierten Individuen, weiterhin der RNS-Gehalt im Heptopankreas

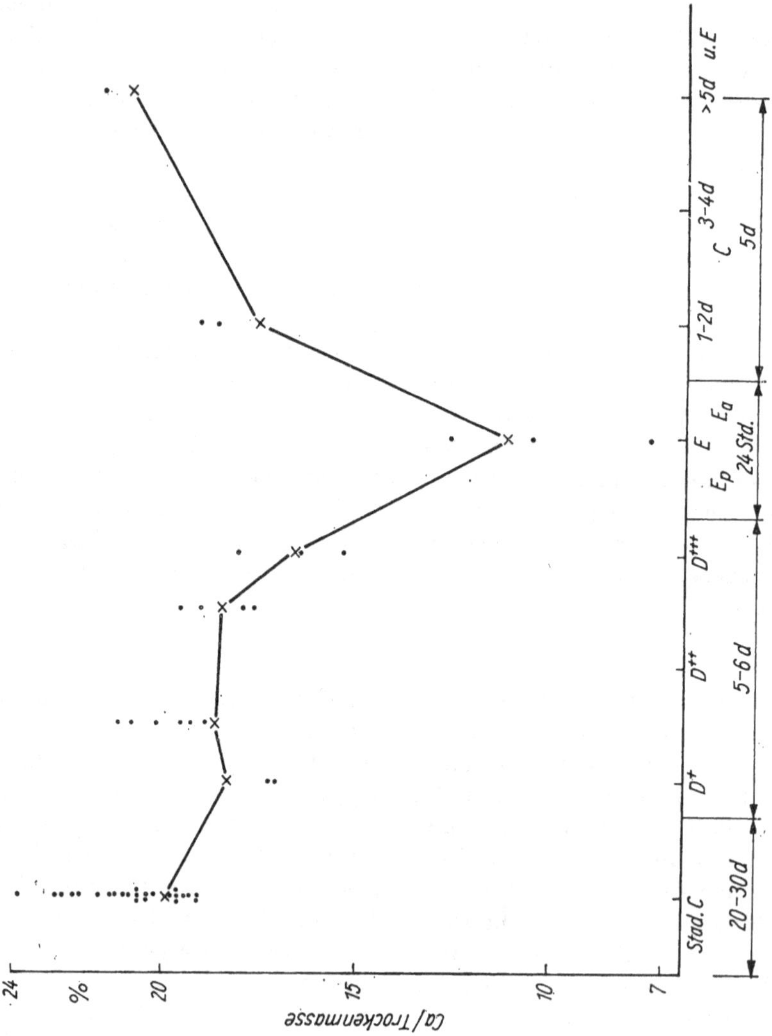

Ca/Trockenmasse
%
24
20
15
10
7
Stad. C
D+
D++
D+++
Ep
E
Ea
1-2d
C
3-4d
>5d
u.E
20-30d
5-6d
24 Std.
5d

Abb. 9

durch hormonale Einflüsse sowie schließlich die hormonale Regulierung des Calciumstoffwechsels an geeigneten Partien des Integuments mittels einer dafür neu eingesetzten Mikromethode (Abb. 9) verwandt.

Nach den soeben veröffentlichten Ergebnissen von DAVIS und COSTLOW (1974), allerdings müßte angenommen werden, daß die Konzeption weit über die bisher bekannten Verhältnisse sowohl für Malacostracen als auch für Entomostracen Gültigkeit besitzt.

Ein wesentlicher Unterschied der Steuerung der Entwicklungsprozesse von Krebsen und Insekten ist darin zu erblicken, daß das Gehirnhormon der Insekten die Häutungsdrüse stimuliert, das Neurohormon der Sinusdrüse der Krebse dagegen die Häutungsdrüse hemmt (Abb. 7). Darauf gründet sich der Versuch einer neuen Prinziplösung der Steuerung der Insektenentwicklung auf dem Wege des Eingriffs über ein Hemmhormon oder über eine entsprechend wirkende Hemmsubstanz. Bisherige Versuche einer direkten Übertragung der Wirkung des Krebsfaktors auf Insekten scheiterten sowohl auf entwicklungsphysiologischer als auch auf zellulärer Ebene. Zumindest waren die Ergebnisse nicht so eindeutig, als daß sie hier weiter erörtert werden könnten.

Wie gezeigt wurde, verbinden sich mit den drei für die Insektenentwicklung verantwortlichen Hormonen jeweils bestimmte und im einzelnen unterschiedliche Lösungswege für eine mögliche Kontrolle. Übereinstimmend für alle drei Insektenhormone besteht hinsichtlich eines eventuellen Einsatzes solcher oder davon abgeleiteter Substanzen aber im Gegensatz zu den Insektiziden der sog. 2. Generation das Bestreben die Eliminierung nicht primär in der Tötung der Insekten durch Giftstoffe, sondern in der Hemmung bzw. Unterbrechung ihrer Entwicklung zu bewirken.

Hinsichtlich der praktischen Einsatzmöglichkeiten sind bisher zweifellos die Arbeiten mit dem Juvenilhormon und den Juvenoiden am weitesten

Abb. 9. Übersicht über den Kalzium-Gehalt einzelner Extremitäten der Assel *Porcellio* während der verschiedenen Entwicklungsphasen. Stadium C = Zwischenhäutungsstadium, Stadium D = Vorhäutungsphase, Stadium E = Stadium der Ecysis. Eine Veränderung des Kalzium-Gehaltes der Extremitäten tritt weder in der späten Zwischenhäutungs- noch in der anschließenden Vorhäutungsphase in Erscheinung. Vielmehr setzt die Herauslösung von Kalzium aus den Extremitäten überraschenderweise erst im letzten Teil der Vorhäutungsphase unmittelbar vor Beginn der Exuviation ein. Der Kalzium-Gehalt der Extremitäten gibt somit keinen geeigneten frühzeitigen Indikator für einsetzende Häutungsprozesse ab. (Nach noch unveröffentlichten Untersuchungen von BÖHM und EIBISCH).

fortgeschritten. Dabei hat sich gezeigt, daß nicht das Molekül des Juvenilhormons selbst sondern andere synthetische Verbindungen die stärksten biologischen Wirkungen aufweisen. Der Einsatz von Steroiden von Häutungshormon-Charakter ist bisher noch unsicher und unklar. Die dritte Möglichkeit betrifft die Steuerung der Entwicklung über das übergeordnete neuroendokrine System. Als günstige Voraussetzung für einen möglich werdenden Eingriff hierdurch sind einerseits die Kenntnis des Zielorgans sowie der Wirkungsmechanismen anzusehen. Andererseits bietet sich mit dem Einsatz der bei Krebsen und Myriapoden vorliegenden Hemmhormone möglicherweise ein neuartiges biologisches Prinzip an, das allerdings erst noch eingehend zu studieren ist.

Keine der drei hier genannten Richtungen erlaubt bisher eine abschließende Beurteilung oder vermag gar endgültige und befriedigende Lösungen anzubieten. Vielmehr bestehen in jedem Falle noch zahlreiche offene und ungelöste zentrale Fragen. In dieser Situation kann nicht nur eine Möglichkeit ins Auge gefaßt werden. Vielmehr sind weitere Untersuchungen für alle der hier aufgezeigten Richtungen unerläßlich und zweckmäßig. Schon jetzt aber hat sich wohl gezeigt, daß dieses Gebiet als ein besonders anschauliches Beispiel der engen Verbindung zwischen Erkundungsforschung und gezielter Grundlagenforschung gelten kann.

LITERATUR

In dem Verzeichnis der Literatur konnten außer ganz wenigen Spezialarbeiten, die sich im übrigen in erster Linie auf die von unserer Arbeitsgruppe behandelten Teilfragen beziehen, nur einige Übersichten hier aufgenommen werden. Dabei wurden auch Zusammenfassungen berücksichtigt, die zwar nicht eigens im Text genannt, jedoch für weitere Angaben der Grundauffassungen nützlich sind.

a) Übersichten

Berkoff, C. E.: Insect hormones and insect control. Or, sex and the single pyrrhocoris apterus. J. Chem. Education **48** (1971), 577—581

el-Ibrashi, M. T.: Insect hormones and analogues: Chemistry, Biology and Insecticidal Potencies. Z. angew. Entomologie **66** (1970), 113—144

Gersch, M.: Vergleichende Endokrinologie der wirbellosen Tiere. Akadem. Verlagsgesellschaft, Leipzig 1964

Gersch, M.: Neuroendokrinologie der Insekten. Sitzungsber. Sächs. Akad. Wissensch. Math.-Naturw. Klasse **108**, H. 2 (1968), 1—33

Gersch, M.: Effects of hormones in invertebrates. International Encyclopedia of Pharmacology and Therapeutics Section 85: Comparative Pharmacology. (1973), 711—798. Pergamon Press

Gersch, M. und G.-A. Böhm: Aktuelle Aspekte und Tendenzen der Hormonforschung bei Insekten. Biol. Rdsch. **9** (1971), 1—11

Jukes, Th. H.: Insecticides in health, agriculture and the environment. Naturwissenschaften **61**, (1974), 6—16

Menn, J. J. and M. Beroza (ed. by): Insect Juvenile Hormones Chemistry and Action. Academic Press 1927, New York and London

Perkow, W.: Die Insektizide. Dr. Alfred Hüthig Verlag, Heidelberg 1956

Sláma/Romaňuk/Šorn: Insect Hormones and Bioanalogues. Springer-Verlag Wien 1974

Tielecke, H.: Pflanzenschutzmittel. Akademie-Verlag Berlin 1963

Williams, C. M.: Third-Generation Pesticides Scient. Amer. **217** (1967), 13—17

b) Originalarbeiten

Bräuer, R.: Untersuchungen zur neurohormonalen Steuerung der RNS-Synthese der Prothoracaldrüse von *Periplaneta americana* L. Zool. Jb. Physiol. **77** (1973), 107—144

COURGEON, A.-M.: Action of insect hormones at the cellular level. Morphological changes of a diploid cell line of *Drosophila melanogaster*, treated with ecdysone and several analogues in vitro. Exp. Cell. Res. **74** (1972), 327—336

DAVIS, W. C. and J. D. COSTLOW: Evidence for a molting inhibiting hormone in the barnacle *Balanus improvisus* (*Crustacea, Cirripedia*). J. comp. Physiol. **93** (1974), 85—91

FUKUDA, S.: Hormonal control of molting and pupation in the silkworm. Proc. Imp. Acad. Japan **16** (1940), 417—420

FUKUDA, S.: The hormonal mechanism of larval molting and metamorphosis in the silkworm. J. Fac. Sci. Tokyo Univ. sec. IV, **6** (1944), 477—532

GERSCH, M. und H. BIRKENBEIL: Das Membranpotential der Prothorakaldrüsenzellen von *Galleria mellonella* in Beziehung zum Entwicklungsstadium und nach Einwirkung von Neurohormonen. Zool. Jb. Physiol. **77** (1973), 1—24

GERSCH, M., und R. BRÄUER: In-vitro-Stimulation der Prothoracaldrüsen von Insekten als Testsystem (Prothoracaldrüsentest). J. Insect Physiol. **20** (1974), 735—741

GERSCH, M., und J. STÜRZEBECHER: Weitere Untersuchungen zur Kennzeichnung des Aktivationshormons der Insektenhäutung. J. Insect Physiol. **14** (1968), 87—96

GERSCH, M., und J. STÜRZEBECHER: Experimentelle Stimulierung der zellulären Aktivität der Prothorakaldrüsen von *Periplaneta americana* durch den Aktivationsfaktor. J. Insect Physiol **16** (1970), 1813—1826

ISHIZAKI, H., und M. ICHIKAWA: Purification of the brain hormone of the silkworm *Bombyx mori*. Biol. Bull. **133** (1967), 355—368.

ITO, T., Y. HORIE and K. WATANABE: Effect of phytoecdysones on the length of the fifth instar and the quality of cocoons in the silkworm, *Bombyx mori*. Annotnes zool. jap. **43** (1970), 175—181

JAKOB, W. L., and H. F. SCHOFF: Mosquito larvicide studies with MON 585, a juvenile hormone mimic. Mosquito News (Albany) **32** (1) (1972), 6—10

MANDARON, P.: Effects of α-Ecdysone, β-Ecdysone and Inokosterone on the in Vitro Evagination of *Drosophila* Leg Discs and the Subsequent Differentiation of Imaginal Integumentary Structures. Develop. Biol. **31** (1973), 101

RAO, R. K.: Isolation and partial characterization of the moultinhibiting hormone of the crustacean eyestalk. Experientia **21** (1965), 593—594

SACHER, R. M.: A hormone-like mosquito larvicide with favorable environmental properties. 6. th. British Insectic. Fungic. Conf. 15.—18. 11. 71 in Brighton. Proc. Vol. **2** (1971), 611—616

SATO, Y.: Insecticidal action of phytoecdysones. Appl. Ent. Zool. **3** (4) (1968), 155—162

SATO, Y., M. SAKAI, S. IMAI and S. FUJIOKA: Ecdysone activity of plant-originated molting hormones applied on the body surface of Lepidopterus larvae. Appl. Ent. Zool. **3** (1) (1968), 49—51

WILLIAMS, C. M.: Physiology of insect diapause: The role of the brain in the production and termination of pupal dormancy in the giant silkworm, *Platysamia cecropia*. Biol. Bull. **90** (1946), 234—243

WILLIAMS, C. M.: Physiology of insect diapause. II. Interaction between the pupal brain and prothoracic glands in the metamorphosis of the giant silkworm, *Platysamia cecropia*. Biol. Bull. **93** (1947), 89—98

SITZUNGSBERICHTE DER SÄCHSISCHEN AKADEMIE DER WISSENSCHAFTEN ZU LEIPZIG

MATHEMATISCH-NATURWISSENSCHAFTLICHE KLASSE

Band 107

Heft 1 Prof. Dr. OTT-HEINRICH KELLER, Die Homologiegruppen der Flächen 3. Ordnung
1965. 15 Seiten – 8° – M 2,30

Heft 2 Prof. Dr. FRANZ RUNGE, Grignard und die nach ihm benannte Synthese
1966. 17 Seiten – 3 Abbildungen – 8° – M 2,30

Heft 3 Prof. Dr. KARL SCHMALFUSS, Zur Kenntnis der Bodenbildung
1966. 13 Seiten – 4 Tabellen – 8° – M 1,40

Heft 4 Dr. BODO RENSCHUCH, Verallgemeinerungen des Bezoutschen Satzes
1966. 41 Seiten – 8° – M 4,50

Heft 5 Prof. Dr. med. ROLF EMMRICH, Realität und Theorie des Alterns
1966. 20 Seiten – 9 Abbildungen – 8° – M 2,60

Heft 6 Prof. Dr. WILHELM MAIER, Nichteuklidische Volumina
1967. 20 Seiten – 16 Abbildungen – 8° – M 2,80

Heft 7 Dr. LOTHAR VON WOLFERSDORF, Zur Berechnung optimaler Strategien für Spiele über dem Einheitsquadrat mit an der Hauptdiagonalen unstetigen Auszahlungsfunktionen
1968. 53 Seiten – 8° – M 5,70

Band 108

Heft 1 Prof. Dr. PAUL GÖRLICH / Dipl. Phys. DETLEF GÜLDNER / Dr. HANS-JOACHIM POHL, „Elektronische Spektralmessung" mit steuerbaren Photovervielfachern
1967. 12 Seiten – 9 Abbildungen – 1 Tabelle – 8° – M 2,10

Heft 2 Prof. Dr. MANFRED GERSCH, Neuroendokrinologie der Insekten
1968. 33 Seiten – 12 Abbildungen – 1 Kunstdrucktafel – 8° – M 4,–

Heft 3 Prof. Dr. HASSO ESSBACH, Die Bedeutung der Morphologie in der Heilkunde
1968. 16 Seiten – 1 Textabb. – 13 Abb. auf 8 Kunstdrucktaf., davon 11 vierfarbig – 8° – M 12,80

Heft 4 Prof. Dr. OTT-HEINRICH KELLER, Über eine Definition von S. Lefschetz in der topologischen Schnittheorie 1969. 29 Seiten – 1 Abb. – 8° – M 4,20

Heft 5 Prof. Dr. WOLFGANG TUTSCHKE, Das Reziprozitätstheorem für eine Klasse pseudoholomorpher Funktionen mehrerer komplexer Variabler 1969. 19 Seiten – 8° – M 3,30

Heft 6 Prof. Dr. WALTER BREDNOW, Von Lavater zu Darwin
1969. 31 Seiten – 14 Abbildungen im Anhang – 8° – M 5,50

Heft 7 Prof. Dr. FRANZ RUNGE, Organische Disulfimide in Wissenschaft und Technik
1970. 24 Seiten – 2 Abbildungen – 8° – M 3,60

Band 109

Heft 1 Prof. Dr. ERICH RAMMLER, Über die Theorien der Braunkohlenbrikettentstehung
1970. 38 Seiten – 13 Abb., davon 2 auf 2 Tafeln – 8° – M 4,–

Heft 2 Prof. Dr. WOLFGANG TUTSCHKE, Stammfunktionen komplexwertiger Funktionen
1970, 20 Seiten – 8° – M 3,70

Heft 3 Dr. habil. GÜNTHER EISENREICH, Zur Syzygientheorie und Theorie des inversen Systems perfekter Ideale und Vektormodule in Polynomringen und Stellenringen
1970. 88 Seiten – 8° – M 10,80

Heft 4 Prof. Dr. med. ROLF EMMRICH, Hochdruck und Hyperlipidämie (Hypercholesterinämie) als Risikofaktoren für die Entstehung der Arteriosklerosen
1971. 23 Seiten – 10 Abbildungen – 4 Tabellen – 8° – M 3,90

Heft 5 Prof. Dr. HANS DRISCHEL, Biologische Rhythmen
1972. 57 Seiten – 31 Abbildungen – 1 Tabelle – 8° – M 6,60 (*vergriffen*)

Heft 6 Prof. Dr.-Ing. Dr. h. c. KURT SCHWABE, Konzentrierte Elektrolytlösungen – Thermodynamische und kinetische Eigenschaften
1972. 49 Seiten – 27 Abbildungen – 2 Tabellen – 8° – M 5,70

Heft 7 Prof. Dr. WOLFGANG TUTSCHKE, Konstruktion von globalen Lösungen mit vorgeschriebenen Singularitäten bei partiellen komplexen Differentialgleichungssystemen
1972. 24 Seiten – 8° – M 4,50

FSC
www.fsc.org
MIX
Papier | Fördert gute Waldnutzung
FSC® C083411

Kolibri 360 GmbH
Ferdinand-Jühlke-Straße 7
99095 Erfurt, Deutschland
produktsicherheit@kolibri360.de